ENCYCLOPÉDIE-RORET

TERRASSIER

ATLAS

PARIS
ENCYCLOPÉDIE-RORET
L. MULO, LIBRAIRE-ÉDITEUR
12, RUE HAUTEFEUILLE, VIe

ENCYCLOPÉDIE-RORET

TERRASSIER

MANUELS-RORET

NOUVEAU MANUEL COMPLET

DU

TERRASSIER

ET DE

L'ENTREPRENEUR DE TERRASSEMENTS

ATLAS

PARIS

ENCYCLOPÉDIE-RORET
L. MULO, LIBRAIRE-ÉDITEUR
12, RUE HAUTEFEUILLE, VIe

EXPLICATION DES FIGURES

DE L'ATLAS

ET LEUR RAPPORT AVEC LES PAGES

DU

MANUEL DU TERRASSIER

AVIS. — Le nombre qui suit l'énoncé de la figure indique la page du volume où il en est parlé. — Certaines figures similaires, ou détails de figure principale, bien qu'ayant un numéro d'ordre, n'ont pas de renvoi au texte, la plupart de ces figures n'ayant pas besoin d'une description spéciale. Le lecteur devra recourir à la page qui contient l'indication de la figure principale, qui est toujours comprise dans le chapitre traitant de tous les appareils du même genre.

PLANCHE I

Pages.

Fig. 1. Méthode pour la détermination des cotes intermédiaires 17

2. Méthode pour la détermination du point de passage 17

3. Méthode pour la détermination des déblais et remblais. 19

4. Méthode pour la détermination des déblais et remblais. 22

Fig. 5. Méthode pour la détermination des distances de transport 31
6. Méthode pour le tracé des courbes de raccordement 37
7. Méthode pour le tracé des courbes de raccordement 44
8. Méthode pour le tracé des courbes de raccordement 45
9. Méthode pour le tracé des courbes de raccordement 46
10. Méthode pour le tracé des courbes de raccordement 47
11. Méthode pour le tracé des courbes de raccordement 48
12. Méthode pour le tracé des courbes de raccordement 48
13. Profil en travers d'un chemin de fer. — Passage à 0 158
14. Profil en travers d'un chemin de fer. — Coupe d'un remblai. — Première méthode. . . . 158-161
15. Profil en travers d'un chemin de fer. — Coupe d'un remblai. — Deuxième méthode 161
16. Profil en travers d'un chemin de fer. — Coupe d'un remblai de ballast. 158-161
17. Profil en travers d'un chemin de fer. — Coupe d'un déblai. 158-159
18. Profil en travers d'un chemin de fer. — Coupe d'un déblai. — Terrain compact 159

PLANCHE II

19. Vue de face et coupe de la roue du vagon de terrassement du chemin de fer de Rouen . . 129
20. Boîte à graisse.

Fig. 21. Vue de face, de profil, et coupe de la roue et de l'essieu du vagon de terrassement du chemin de fer du Nord. (Première section).

22. Vue de face et coupe d'une des boîtes à graisse.

23. Vue de face de la roue du vagon de terrassement du chemin de fer de Londres à Birmingham 129

24. Vue de profil de la roue sur son essieu et de la boîte à graisse.

25. Coupe de profil de la roue sur son essieu et de la boîte à graisse.

26. Vue de face de la boîte à graisse.

27. Vue par-derrière de la boîte à graisse.

28. Vue par-dessous de la boîte à graisse.

29. Vue par-dessus de la boîte à graisse.

30. Vue de face de la roue du vagon de terrassement du chemin de fer de Londres à Bristol.

31. Vue de profil de la roue sur son essieu et de la boîte à graisse.

32. Coupe de profil de la roue sur son essieu et de la boîte à graisse.

33. Vue de face de la boîte à graisse.

34. Vue par-dessous.

35. Vue de face de la roue du vagon de terrassement à deux compartiments du canal latéral à la Garonne. 135

36. Coupe de profil.

37. Vue de face de la roue du vagon de terrassement, versant de côté. — Canal latéral.

38. Coupe de profil.

39. Vue de face de la porte d'un vagon de terrassement versant de côté (chemin de fer de Bristol).

Fig. 40. Vue de côté.
41. Vue de face de la porte d'un vagon versant devant (chemin de fer de Bristol).
42. Coupe de profil.
43. Coupe de profil.

PLANCHE III

44. Vue de côté d'un vagon de terrassement, versant devant (chemin de fer du Nord, 1re section).
45. Vue de face.
46. Vue du vagon basculant.
47. Plan du châssis.
48. Vue de côté d'un vagon versant devant et basculant sur son essieu (chemin de fer du Nord, 1re section).
49. Vue du vagon basculant.
50. Vue de côté du vagon, sans essieux ni roues.
51. Plan des deux paires de roues liées par une poutre armée.
52. Vue de côté d'un vagon versant devant (chemin de fer de Rouen).
53. Vue de côté du vagon basculant.
54. Vue de face du vagon.
55. Vagon intermédiaire entre un tender et un train de vagons de terrassement 139

PLANCHE IV

56. Vue de côté d'un vagon versant devant (chemin de fer de Versailles, rive gauche).

Fig. 57. Vue de face.
58. Vagon versant de côté ou devant.
59. Plan du châssis.
60. Vue de côté d'un vagon versant devant (chemin de fer de Londres à Birmingham) . . . 133
61. Vue de face.
62. Vue de face d'un vagon versant de côté (chemin de fer de Londres à Birmingham). . . . 133
63. Plan du châssis.
64. Vue de côté d'un vagon versant devant (chemin de fer de Londres à Bristol) 133
65. Coupe longitudinale.
66. Vue de face d'un vagon versant de côté (chemin de fer de Londres à Bristol) 133
67. Plan du châssis.

PLANCHE V

68. Vue de côté d'un vagon versant de côté et devant (chemin de fer du Nord, section de Douai à Lille) 136
69. Vue de face 136
70. Plan du châssis 136
71. Vue de bout d'un vagon à deux compartiments, versant des deux côtés (canal latéral à la Garonne) 135
72. Coupe en travers 135
73. Plan. 135
74. Vue de bout d'un vagon versant de côté (canal latéral à la Garonne). 136
75. Coupe en travers 136
76. Plan. 136
77. Vue de côté d'un vagon Serveille, ayant servi au rétablissement des digues de la Loire . . . 140

Fig. 78. Vue de face 140
79. Coupe longitudinale de l'essieu.
80. Vue de bout de l'essieu.

PLANCHE VI

81. Voie de terrassement du chemin de fer de Saint-Germain. (Rail de 8 k. 50.)
82. Coupe transversale de la voie.
83. Section du rail
84. Coussinet et rail de terrassement du chemin de fer de Londres à Birmingham. (Rail de 15 k. 50.)
85. Vue de profil du coussinet intermédiaire.
86. Plan du coussinet intermédiaire.
87. Plan du coussinet de joint.
88. Chevillette fixant le coussinet à la traverse.
89. Coussinet et rail de terrassement du chemin de fer de Bristol. (Rail de 10 k. 50.)
90. Plan du coussinet.
91. Coupe transversale de la voie des travaux de Cherbourg 91
92. Coupe transversale de la voie de terrassement du chemin atmosphérique de Saint-Germain. 91
93. Section du rail de terrassement fabriqué à Montataire. 93
94. Section du rail des forges de la Villette . . . 93
95. Coussinet de ce rail.
96. Plan du coussinet.
97. Coupe transversale de la voie de terrassement du canal latéral à la Garonne. 94
98. Rail employé en Angleterre par M. Brunel.
99. Rail américain. 88
100. Plan de son coussinet.

Fig. 101. Petit rail de Saint-Etienne.
102. Voie provisoire. — Rail en fer et bois 93
103. Coussinet et rail de la voie des vagons Serveille employés à l'endiguement de la Loire.
104. Plan du coussinet.
105. Voie Serveille, à l'extrémité d'un remblai.
106. Changement de voie.

PLANCHE VII

107. Changement de voie provisoire, dans une voie à rail américain 102
108. Croisement de voie provisoire, dans une voie à rail américain 102
109. Coupe transversale.
110. Plan général du changement de voie. 102
111. Changement de voie provisoire, dans une voie définitive. 102
112. Coupe transversale du changement de voie. . . 102
113. Coupe longitudinale. — Joint du changement et de la voie définitive 102
114. Levier du changement de voie 102
115. Croisement provisoire, dans une voie définitive 102
116. Contre-rail du croisement 102
117. Plan général d'un changement à trois voies provisoires avec rails définitifs (chemin de fer du Nord, section de Lille). 103
118. Camion du génie.

PLANCHE VIII

119. Plan général d'un changement de voie provisoire, avec rails définitifs. 102

Fig. 120. Changement de voie provisoire, avec rails définitifs (chemin du Nord, section de Lille). . 103
121. Coupe transversale. 103
122. Croisement de voies provisoires, avec rails définitifs 103
123. Changement de voie provisoire (chemin de fer de Tours à Bordeaux) 103
124. Camion à bascule. — Vue de profil.
125. Plan.
126. Tombereau Peyronnet. — Vue de profil. . . . 122
127. Vue par-derrière.
128. Plan.

PLANCHE IX

129. Treuil à bras, pour le fonçage d'un puits . . . 269
130. Manœuvre d'un bourriquet. 269
131. Manège ayant servi à l'extraction des terres, au percement des souterrains des chemins de fer de la rive droite 67-70
132. Plan du levier.
133. Plan du tambour.
134. Coupe du tambour.
135. Manège ayant servi aux terrassements du chemin de fer de Saint-Germain.
136. Crochets divers pour l'accrochage des bourriquets ou bennes 269
137. Bourriquet 269
138. Bourriquet 269
139. Camion — Bourriquet.
140. Vue de profil.
141. Camion — Bourriquet à trois roues ayant servi au souterrain de Saint-Cloud 270
142. Plan du camion 270

Fig. 143. Tombereau 117
144. Vue par-derrière.

PLANCHE X

145. Pelle française. 167
146. Pelle française. 167
147. Pelle anglaise 167
148. Louchet belge 168
149. Pioche 168
150. Pioche 168
151. Pioche anglaise.
152. Pic 168
153. Pic 168
154. Pointerolle 168
155. Marteau 168
156. Coins 168
157. Fleuret 170
158. Fleuret à pointe carrée. 170
159. Curette 171
160. Epinglette. 171
161. Bourroir. 171
162. Chasse-coin.
163. Nouveau chasse-coin.
164. Banaste 85
165. Cabat 85
166. Niveau à perpendicule.
167. Pince en fer.
168. Pince en bois.
169. Batte à bourrer.
170. Pieu ferré pour abattre les tailles 53
171. Maillet 53
172. Masse à briser la caillasse.
173. Pilon 315

Fig. 174. Batte 314
175. Dame plate 314
176. Dame à battre les corrois 317
177. . . . . . . id. 317
178. Râteau 314
179. Nouvelle dame plate. 314

PLANCHE XI

180. Déblai d'une tranchée avec quatre voies de front. 205
181. Déblai d'une tranchée à front de face et front latéral 206
182. Coupe longitudinale 206
183. Coupes en travers. 206
184. Déblai d'une tranchée de grande longueur. — Même système 210
185. Déblai d'une tranchée de grande longueur. — Autre système 213
191. Formation d'un remblai à plusieurs assises. — Assise intérieure 229

PLANCHE XII

186. Déblai d'une tranchée, au moyen d'une cunette. 216
187. Déblai d'une tranchée au moyen d'une cunette. 216
188. Formation d'un remblai avec trois voies . . . 216
189. . . . . . . id. . . . . . avec quatre voies . . 228
190. Formation de l'assise inférieure d'un remblai de grande hauteur 229
192. Formation simultanée des deux assises d'un remblai 229
193. Coupe en travers.
194. . . . . id. . . . .

PLANCHE XIII

Fig. 195. Baleine ayant servi aux terrassements du chemin de fer de Saint-Germain 233
196. Vue de face 233
197. Détails des pièces.
198. Baleine ayant servi aux terrassements du chemin de fer du Nord (Douai à Lille) . . . 234
199. Vue de face. 234
200. Plan. 234
201. Vue de profil de la formation d'un remblai à l'aide de cette baleine 234
202. Vue de face de la formation d'un remblai à l'aide de cette baleine 234
203. Palonnier du cheval attelé au vagon de décharge. 228

PLANCHE XIV

204. Baleine ayant servi aux terrassements du chemin de fer d'Orléans à Vierzon. 234
205. Vue de face 234
206. Coupe en élévation d'une grande poulie pour plan automoteur. 223
207. Plan de la poulie 223
208. Remise pour machines.
209. Réservoir provisoire dans une tranchée.
210. Machine locomotive Bury et son tender, ayant servi aux terrassements.

PLANCHE XV

211. Coupe en élévation d'un cadre placé au bord d'un remblai, et continuant une voie 228
212. Plan. 228

Fig. 213. Coupe en travers d'une tranchée, exploitée à deux étages (chemin de fer d'Orléans à Bordeaux) 216-242
214. Coupe en long de cette tranchée 216-242
215. Plan. . . . . id. 216-242

PLANCHE XVI

216. Profil en long de la tranchée des Ogiers. . . . 242
217. Plan de la tranchée en activité. 242
218. Profil en travers, suivant la ligne 242
219. . . . Id. . . . . id. 242
220. . . . Id. . . . . id. 242
221. . . . Id. . . . . id. 242
222. . . . Id. . . . . id. 242

PLANCHE XVII

223. Plan automoteur avec double voie 221
224. Profil en long d'un plan automoteur. 222
225. Plan automoteur avec voie simple et voie d'évitement 222
226. Profil en travers d'un terrassement fait le long du talus d'une tranchée, et plan. . . . 254
227. Vue de face d'un terrassement fait le long du talus d'une tranchée, et plan 254
228. Vue de face d'un terrassement vertical, au moyen d'une écoperche. 257
229. Vue de côté d'une écoperche à contrepoids . . 257
230. Vue de face 257
231. Crochet pour l'attelage des chevaux.
232. . . . . Id. . . . .
233. . . . . Id. . . . .

Fig. 234. Brouette servant aux terrassements par écoperches 257
235. Scoop américain servant à l'extraction des terres.
236. Terrassement par abatage.
237. Trous de mine verticaux.
238. Trous de mine dans une extraction par bancs.

PLANCHE XVIII

239. Tombereau 122
240. Plan du tombereau.
241. Plan du brancard.
242. Pièce de fer reliant les deux brancards.
243. Petit chemin de fer à un rail. 80
244. . . . . . . Id. 80
245. Détail 80
246. Autre système de chemin de fer suspendu . . 80
247. . . . . Id. 80
248. Chien de mine.
249. Vue de profil du chien de mine
250. Coupe d'une galerie souterraine 266
251. Travaux d'agrandissement de la galerie. . . . 267
252. . . . . Id. 268
253. Construction de l'intrados du souterrain . . . 268
254. . . . Id. . . . et fouille des piédroits 268
255. Coupe longitudinale d'une galerie dans une masse rocheuse.
256. Coupe longitudinale d'une galerie. — Méthode anglaise 278
257. Coupe longitudinale d'une galerie. — Méthode anglaise.
258. Coupe longitudinale d'une galerie. — Méthode anglaise 278

PLANCHE XIX.

Fig. 259. Elévation d'un vagon basculant sur un essieu, versant devant 141
260. Profil de ce même vagon 141
261. Détail avec roue à boudin 141
262. Elévation d'un vagon à charnière roulante versant devant 141
263. Vue de profil de ce même vagon 141
264. Vagon à caisse automatique de MM. Suc et Chauvin. — Profil 142
265. Vue et plan de ce vagon 142
266. Vue en élévation 142
267. Plan du châssis inférieur fixe.
268. Même vagon pour grandes contenances.
269. . . . Id. . . avec caisse surélevée.
270. Epure du déversement de la caisse 144
271. Brouette anglaise. — Elévation 112-113
272. . . . . Id. . . . . . Plan.
273. . . . . Id. . . . . . Coupe en travers.
275. . . . . Id. . . . . . Coupe longitudinale . . . 113
274. Brouette anglaise avec roue à couronne plate. — Elévation 113
276. Brouette terrassière française 110-113
277. Brouette usitée dans les excavations souterraines.

PLANCHE XX.

278. Aiguillage et croisement à trois voies. — Plan 104
279. Détail en élévation d'un éclissage 97
280. Aiguillage et croisement à deux voies 104

Fig. 281. Châssis mobiles portatifs, courbes et droits. 104
282. Coupe en travers d'une voie 97
283 à 289. Installation d'ensemble et détail du système de transport aérien Hodgkson. 83
290. Perforateur Bergstroëm, demi-coupe transversale, demi-profil. 190
291. Coupe par l'axe du cylindre moteur 190
292. Vue en plan. 190
293. Elévation du cavateur à rotation Trouillet . . . 185
294 à 299. Détails de ce cavateur. 185
300 à 307. Détails du cavateur à percussion Trouillet. 187
308. Perforateur de la Roche Tolay. — Elévation. . 193
309. . . . . Id. . . . . Vue en plan. 193

PLANCHE XXI

310. Machine à percer les galeries de MM. Locock et Beaumont. — Coupe longitudinale 292
311. Coupe transversale 292
312. Vue par l'arrière. 292
313. Machine à comprimer l'air de MM. Jones et Levick. — Coupe longitudinale. 294
314. Vue en plan de cette machine 294
315. Machine à abattre les roches. — Vue en plan. 294
316. . . . . Id. . . . . Coupe longitudinale 294
316 (bis). Machine à abattre les roches. — Détail du mouvement intérieur à une plus grande échelle. 294
317. Machine à abattre les roches. — Vue en élévation. 294

Fig. 318. Haveuse mécanique. — Vue en plan. 295
319. . . . . . Id. . . . . Elévation 295
320 à 325. Détails du perforateur Jacquet 196

PLANCHE XXII

326. Excavateur américain 300
327. Coupe du foyer.
328. Plan du foyer.
329. Tambour 301
330. . . . Id. . Vue par bout.
331. Drague employée à l'isthme de Suez. — Elévation 308
332. Drague employée à l'isthme de Suez. — Plan. 308
333. Monte-charge employé au canal de Suez. Elévation 309
334. Plan du monte-charge. 309
335. Dispositif du volet. 311

BAR-SUR-SEINE. — IMPRIMERIE Vᵉ C. SAILLARD

Terrassier. Pl. 1.

Imp. Rozet, r. Hautefeuille 15.

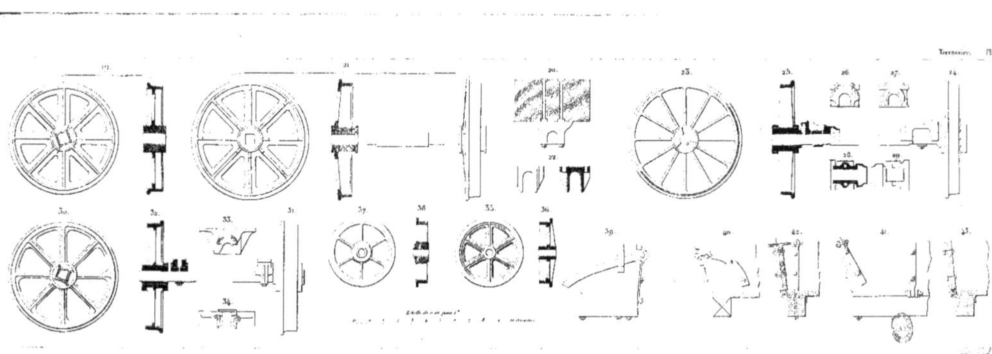

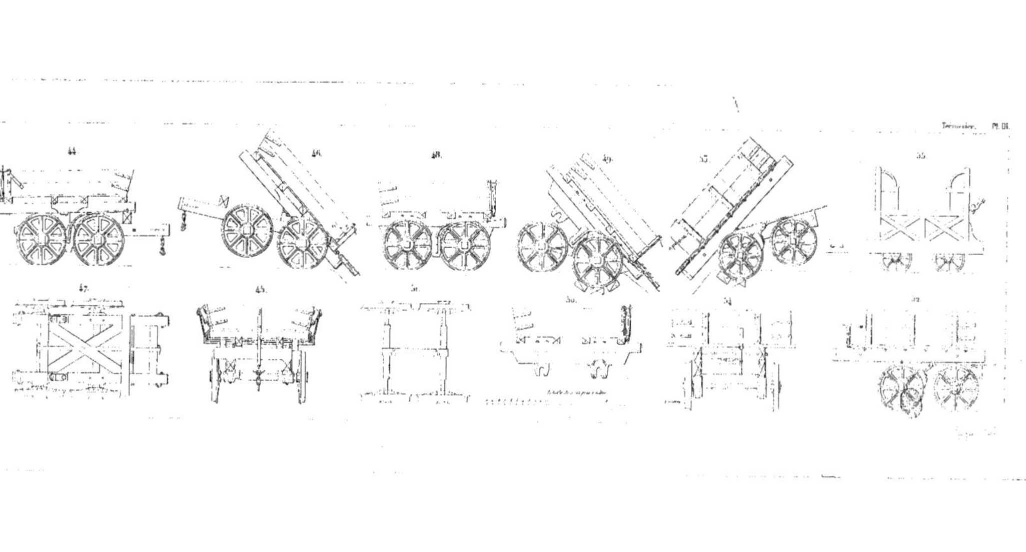
44.
46.
48.
49.
53.
55.
47.
45.
51.
50.
54.
52.

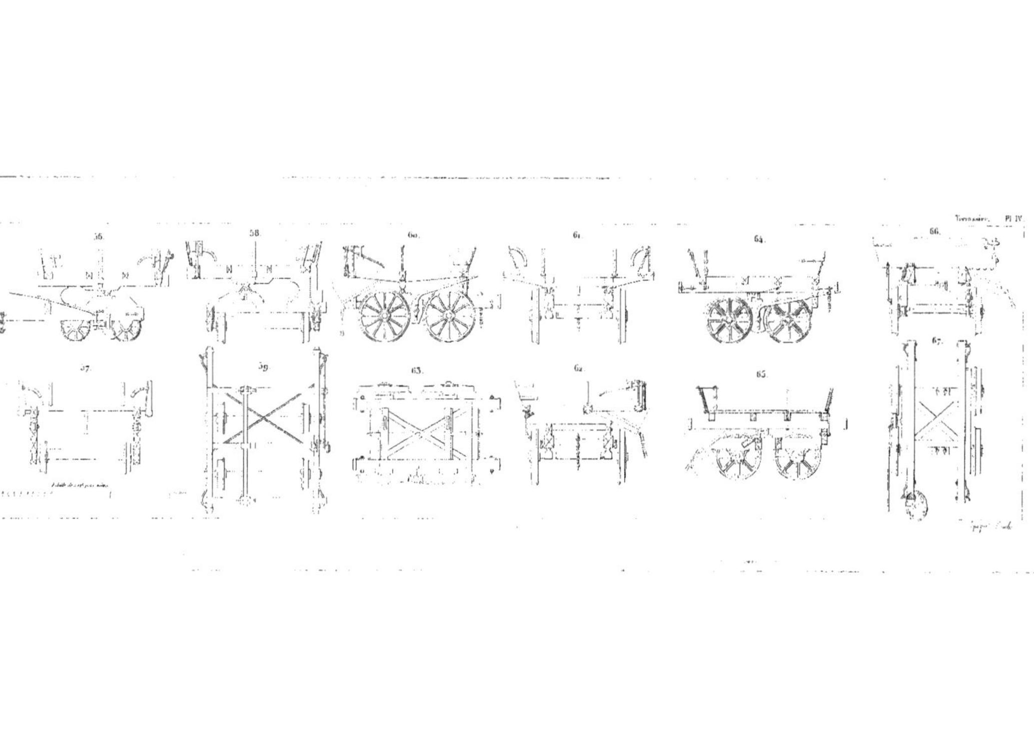

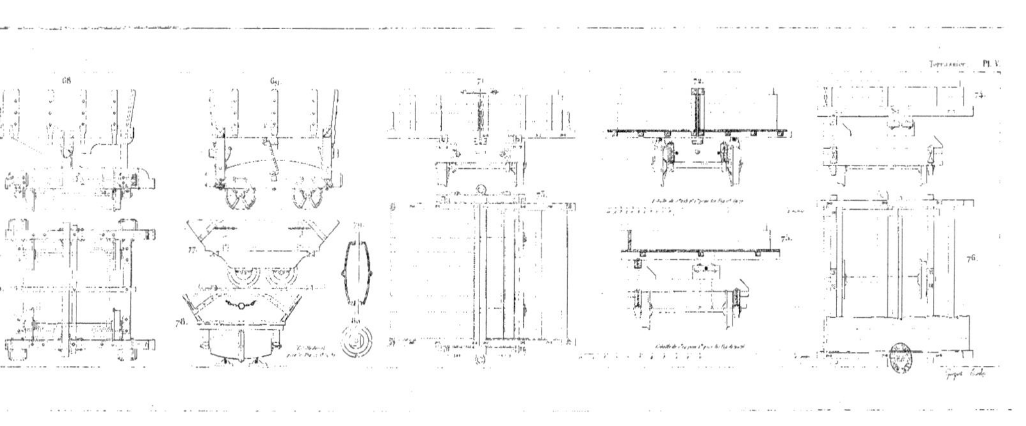

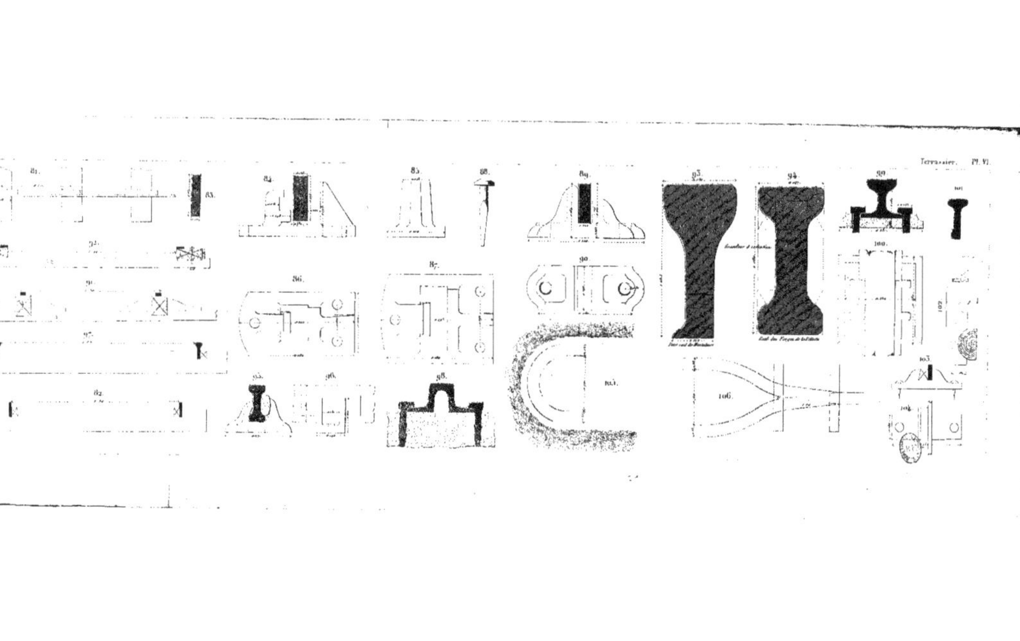
Terrassier. Pl. VI.

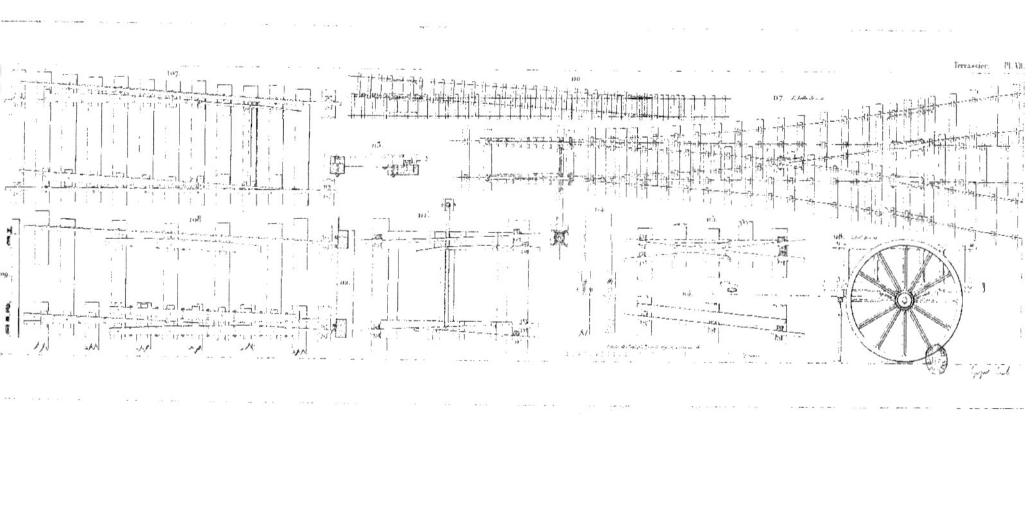

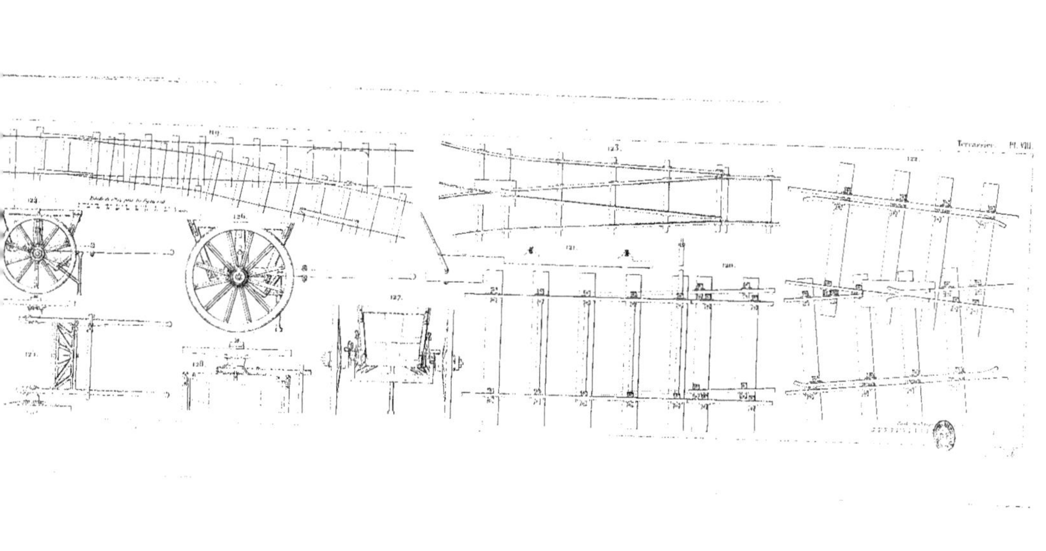

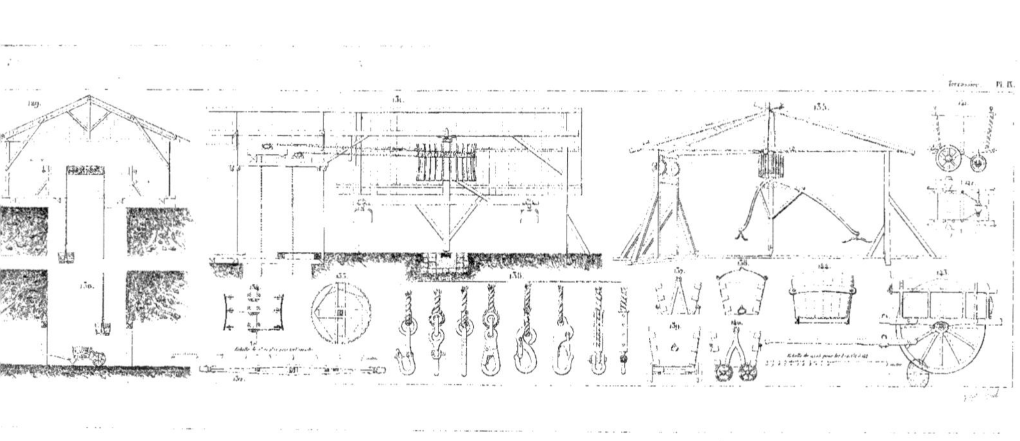

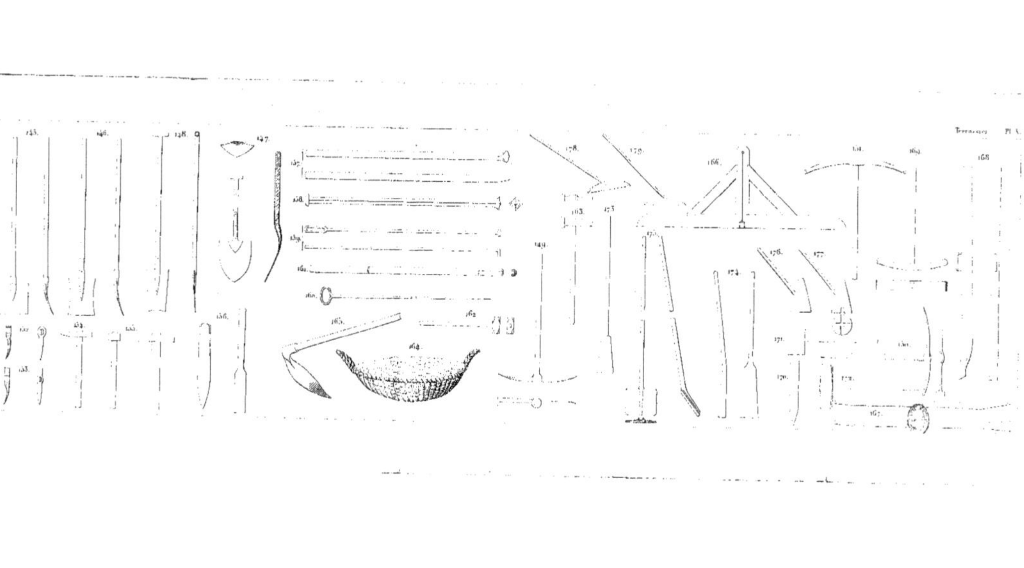

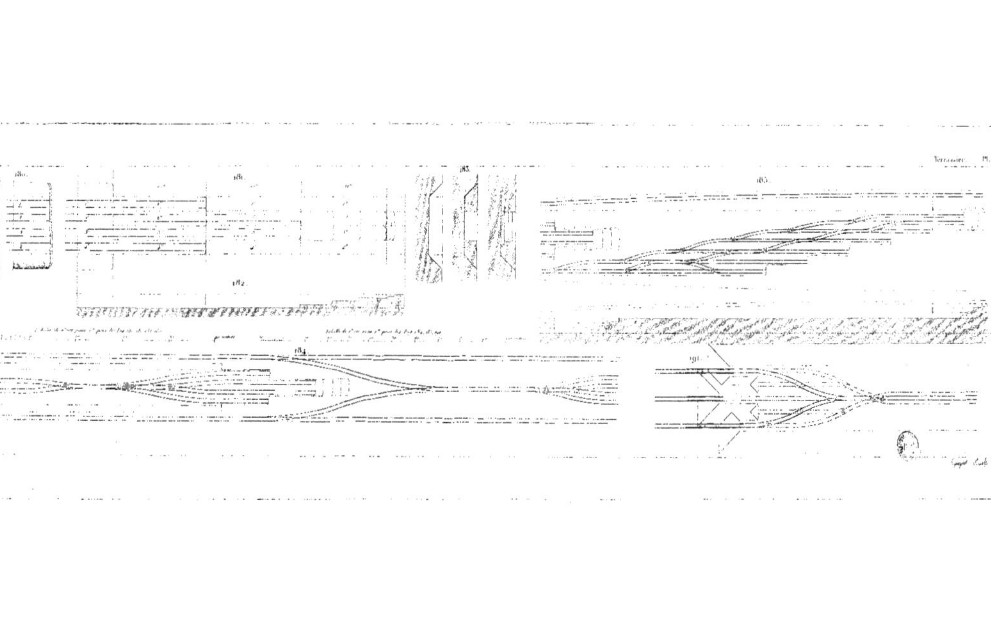

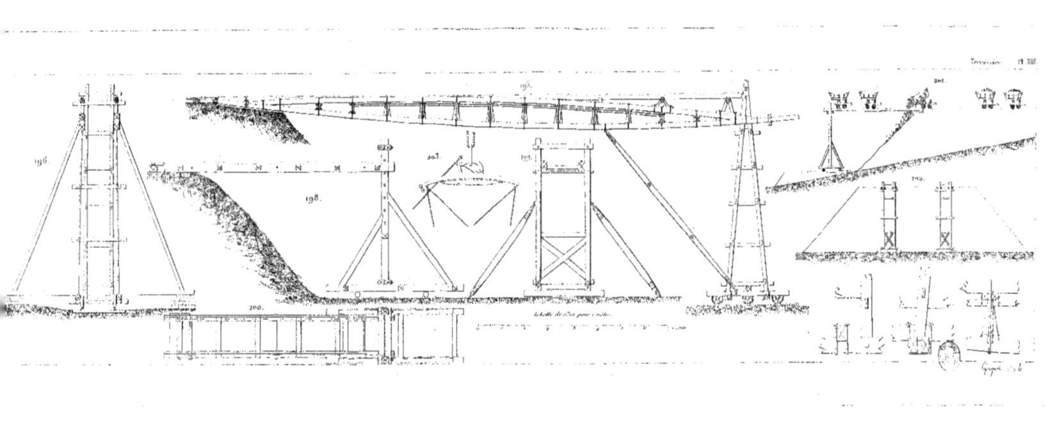

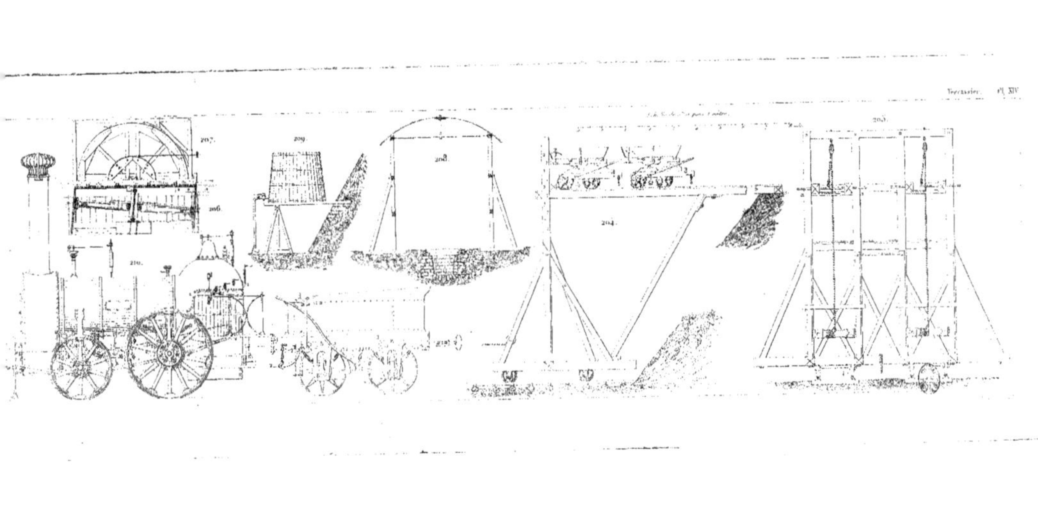
Terrassier.
Pl. XIV
207.
209.
208.
206.
210.
204.
205.

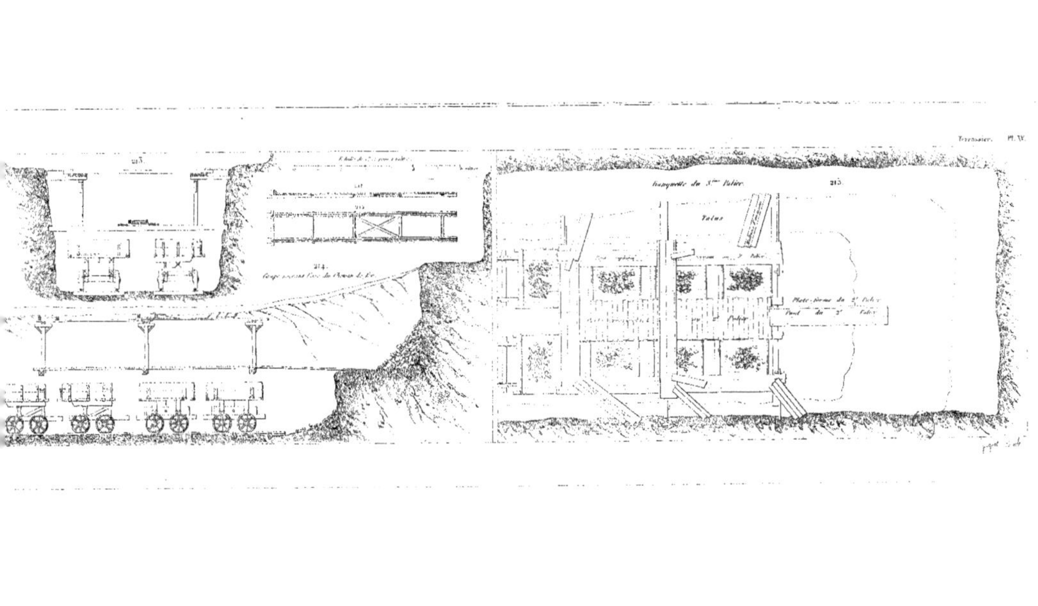

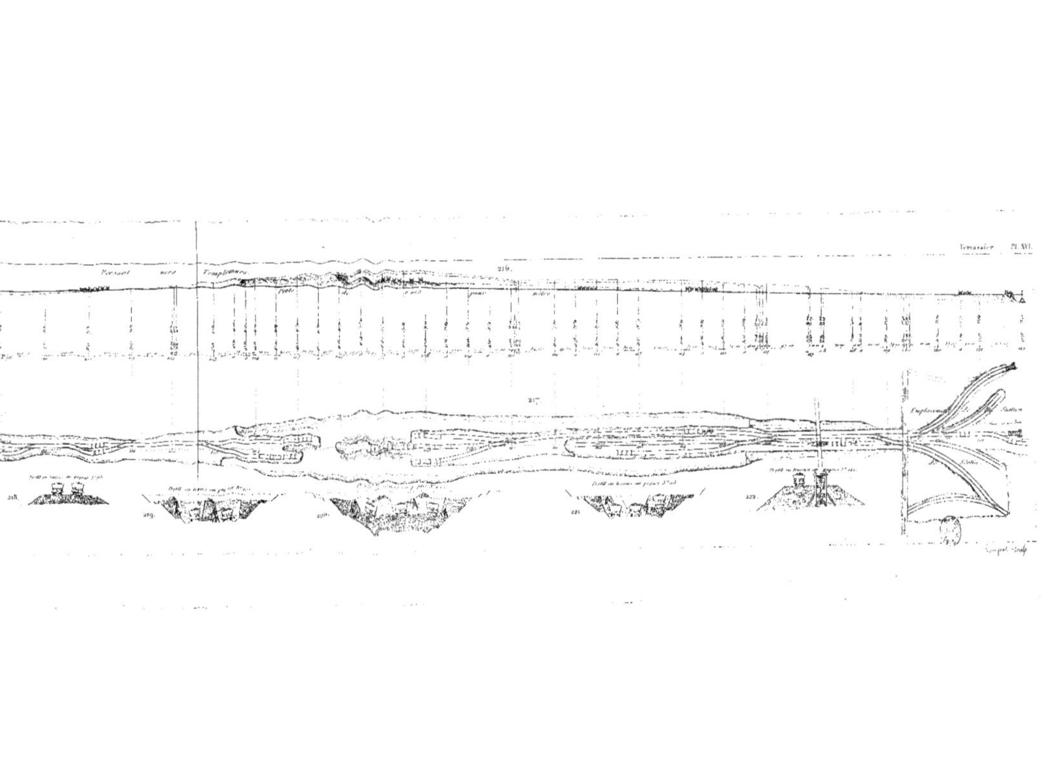

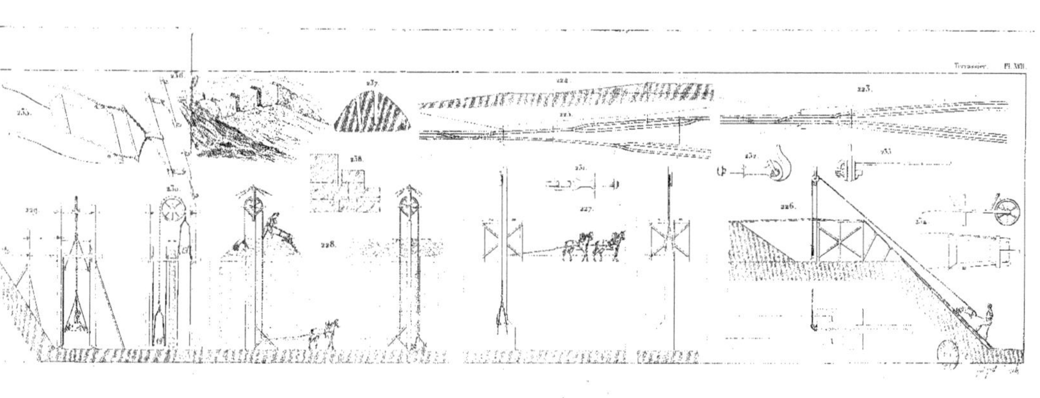

223.
224.
225.
226.
227.
228.
229.
230.
231.
232.
233.
234.
235.
236.
237.
238.

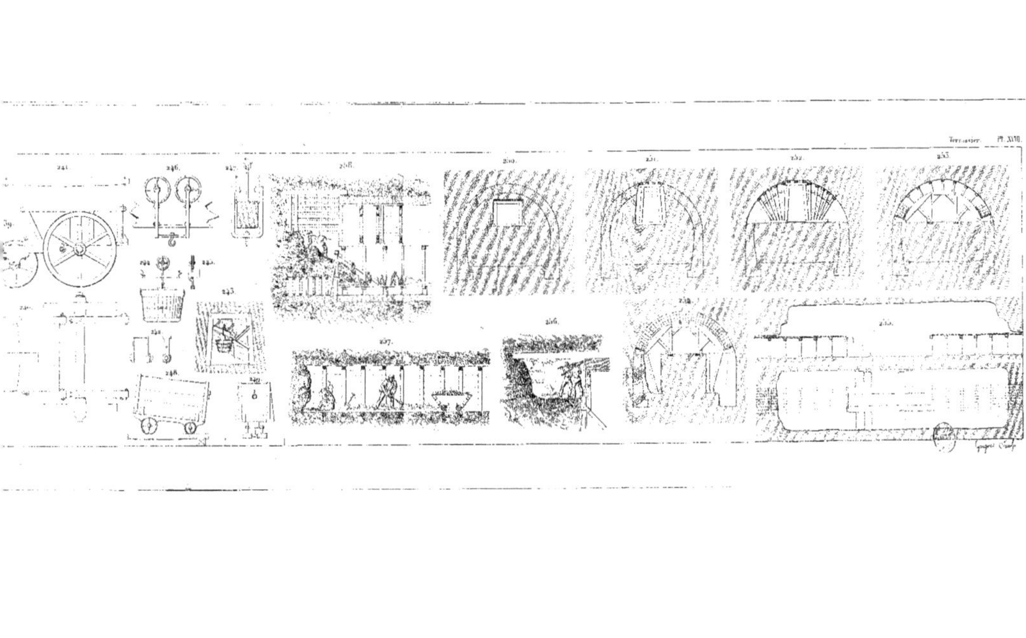

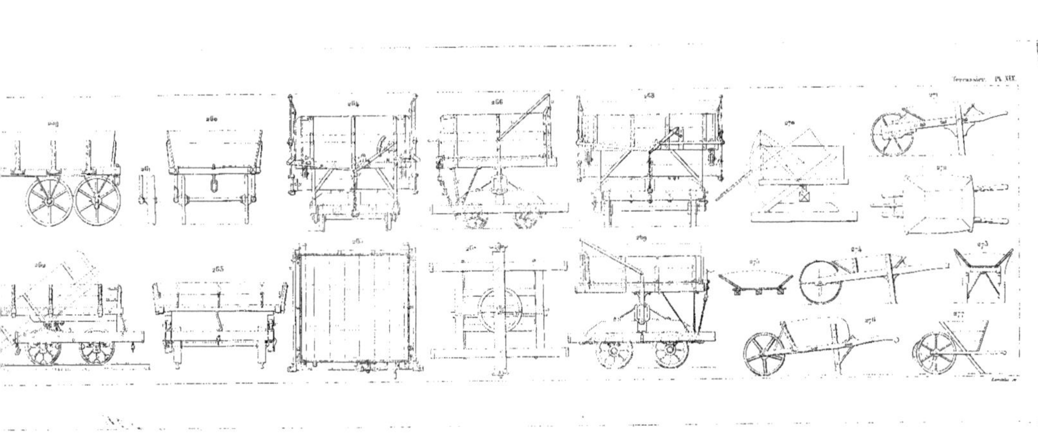

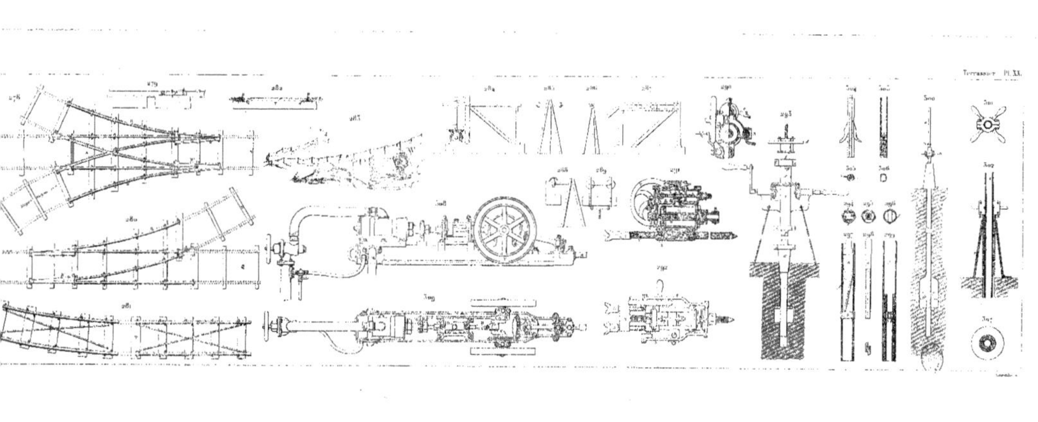

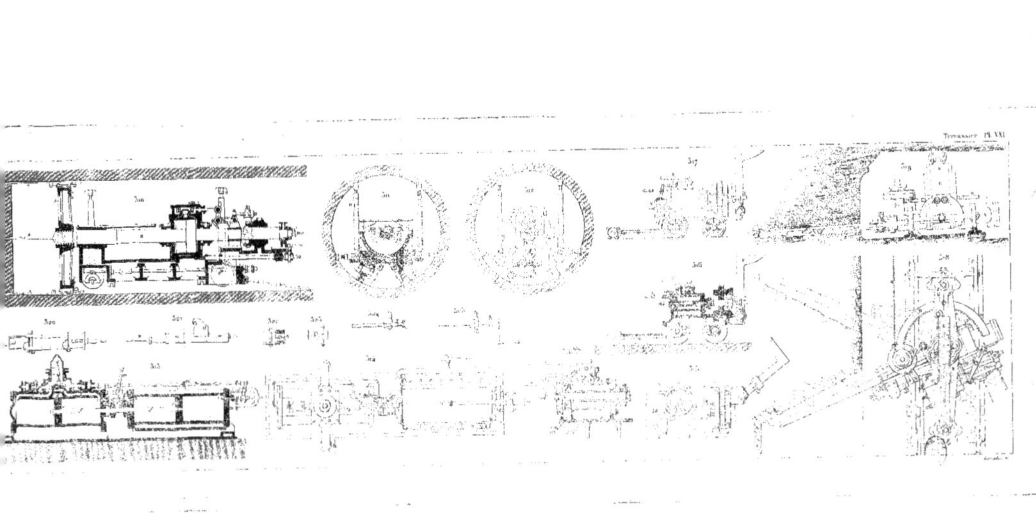

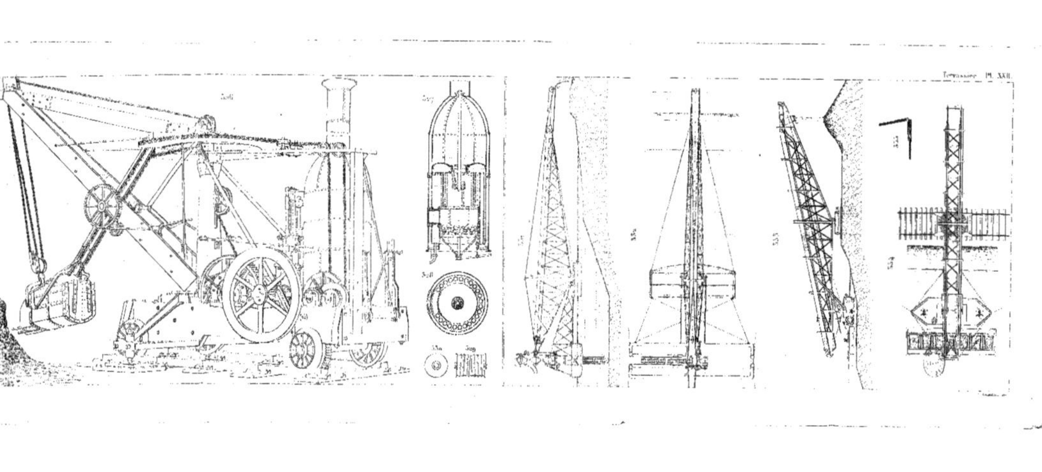

COLLECTION

DES

MANUELS-RO[illegible]

FORMANT UNE

[illegible] DES SCIENCES [illegible]

FORMAT IN-18

[illegible] réunion de Savants et [illegible]

[illegible] se vendent séparément [illegible]
[illegible] plupart des volumes, de 300 à [illegible]
[illegible] des planches parfaitement dessinées [illegible]
[illegible] intercalées dans le texte [illegible]
[illegible] Manuels épuisés sont revus avec [illegible]
[illegible] de la Science à chaque édition [illegible]
[illegible] afin de permettre d'y introduire [illegible]
[illegible] et les additions indispensables [illegible]
[illegible] qui met l'Éditeur dans [illegible]
[illegible] à chaque édition les frais [illegible]
[illegible] doit empêcher le Public [illegible]
[illegible] Manuels Roret avec celui des [illegible]
[illegible] chaque édition [illegible]

[illegible] chaque volume franc de port [illegible]

[illegible] Catalogue [illegible]

[illegible]

Bar-sur-Seine. — Imp. [illegible]

www.ingramcontent.com/pod-product-compliance
Ingram Content Group UK Ltd.
Pitfield, Milton Keynes, MK11 3LW, UK
UKHW012251240726
13966UKWH00004B/1390